铁线莲 Clematis

韧如铁线 花开如莲

——缘起铁线莲

江胜德 主编

长江出版传媒
湖北科学技术出版社

爱莲、懂莲、惜莲的女子，有黛玉才华横溢、葬花落泪的灵动；有湘云乐观豁达、胸怀坦荡的洒脱；亦有可卿袅娜纤巧，温柔平和的心性。

在崇尚宏大叙事的年代，这些九零后的绘者却以恋人絮语般的形式回到各自的内心，带我们一起感悟日常生活的美好。当花遇到画，彼时，已不是风花雪月，而是在每个爱花者的空间升华为生活美学。让那些秘而不宣的心事，隐匿在花的香息里，浅笑嫣然，静默不语。

捻一朵岁月的馨香，装饰春天的梦，荡漾的春风里，暗香盈盈。

春深处，花已开满天……

斑斓的色彩只是花儿的一种表现形式，花的清香才更加美丽。我不禁想起『弄花香满衣』的佳句，但他们所做的何止是香满衣裳，更是香满了我们的生活。

无论岁月是一束花还是一幅画，都需要我们静下心去品味。

是为序！

丙申年春日于杭州

弄花香满衣

杨大伟

窗外，天青色等烟雨。

杭州四月的清晨，清凉、安静、温雅。看着作者给我发来的《韧如铁线 花开如莲》图文稿，如沁心的春风，柔美而清和。每看一个页面，好似听花开的声音，静美中浸孕着浪漫，借机浅书思绪……

看完全部书稿，起初的轻书浅语慢慢变成了感动。

他们所做的让我忽然想到，世间没有遥不可及的理想，缺少的只是孜孜以求的专注。

书中没有看到争奇斗艳的群芳，他们通过插画的形式还原了铁线莲本真的姿态，传达着对自然的美丽、人类的性情的理解；通过对铁线莲的轻描淡写，展现了生命的起承转合；看似揭开花朵生命的神秘，其实是在尽情释放花儿自然的表情。好比和他们一起在花廊中散步，听他们讲述铁线莲背后的故事。

十六位爱花者的自言自语让人倍感亲切，铁线莲让他们变成了诗性的男女：『用满院的铁线莲迎接每一日的早晨和希望。生命在艰难苦痛的黑暗下终会破土而出，重新长出充满生机的嫩芽，展现自己最美好的芳华。』

一语惊醒梦中人：我们有权威的植物专家，有专业的艺术家，做书是个很好的突破口。接着，我们再一次缩小范围，就做我们公司大力推广的铁线莲！

铁线莲原产中国，因顽强的适应性在中国广泛分布。而后它被引入欧洲，经过欧洲育种学家不断杂交培育后在外大放异彩，成为欧式花园必不可少的植物元素，也因其美艳的外形而被封为『藤本皇后』。

我们想做一本铁线莲的入门书，让更多的人了解铁线莲有多美。虽然铁线莲有将近三千个品种，我们在『弱水三千』中只取了十六个与它相关的故事。这些故事的主人公无一例外都是铁线莲的忠实粉丝，然而他们的故事却因各自性格禀赋、职业特征、生活经历的不同展现出精彩纷呈的特点来。

当园艺遇上艺术，我们要做的还有很多很多。一切都由铁线莲而起，我们相聚在此，认真做了这本书，希望给读者带来不同的阅读体验。如果你因此书爱上铁线莲，爱上园艺生活，便是我最大的慰藉了。

前言

当园艺遇上艺术
缘起铁线莲

江胜德

涉足花卉园艺行业二十多年，我拥有了很多土、砖、花、木。我的生活紧紧围绕着花卉，公司也在健康发展，除了大力做好植物的销售和应用外，如果想要惠及后人，必须有所突破。

近年来，想要推广花文化的想法愈加强烈，此间不断有和艺术家、媒体人的思想火花碰撞，正逢海宁长安的『花卉小镇计划』如火如荼地展开，我和艺术家毛宗种先生一拍即合：让花语工社团队建花文化博物馆！

这是一项漫长并且无比艰巨的事业，需要一代人甚至几代人的传承和发展。在反复的沟通探讨过程中，插画师林莞歌拿着厚厚一叠植物古籍复印本给众人传阅，按她的话来说，她想做这种画面精美、内容具有普及性、有一定文化积淀的书。

附录

目录

韧如铁线
花开如莲

Kaiser

皇帝

早花大花型

花色：紫粉

花瓣类型：重瓣

花径：10~14cm

花期：5—6月，9月

株高：1~1.5m

修剪方式：2类（轻剪）

栽植方位：南、东、西

耐寒区：4~9

诗酒田园里开了一家小资博物馆

米米童

品种：皇帝（Kaiser）

坐标：浙江湖州

职业：高级工程师

环境：$<20m^2$ 露台；$<10m^2$ 南院

把生活栽成艺术，
将园艺植入人生。
打开米米童的世界，
浮现在眼前的是一幅充满魔法的奇幻画卷。
米米童用她温暖的母爱与细腻心思，
为生活搭建了一座“赌书消得泼茶香”的诗酒田园。

铁关金锁桥，
线穿鹊辞月，
莲若棹女妍。
懒起画娥妆，远黛浣溪迟；
花娇相映红，对镜照清颜。
鬓云欲度香腮雪，满园锦绣芙蓉面，
闲敲棋子绕春眠。
山有榛，隰有苓。云谁之思？
米米童心红酥手，绿蚁新焙把酒言；
玉漏银壶且莫催，兔径深处何田田。
前瞻帝王州，御前逍遥辇，
陂陀梳碧凤，轩窗观紫烟。

社交平台里的人生，
是一张张被压缩了的定格画框。
它是剪辑完美的喜剧，
每一次聚焦都是主角完美的容颜，
供手捧爆米花的旁观者调侃与惊艳。
而灵动的女子手持充满童心的趣味火把，
点燃生活中每一段枯燥乏味的长镜头，
用蒙太奇剪辑一出最纯粹的片段：
花草繁盛的家庭花园，
香味四溢的西点烘焙，
私房小厨的小资情调……
每一次花瓣意外落在掌心，
都会有如珍宝般收藏在箧中，
神秘的宝箱里，
是生命的全部光彩与回忆。

那是一个清新的午后，我百无聊赖地远眺着对岸的房屋群，忽而发现其中竟藏着一座绚丽多姿的小院，犹如海市蜃楼般缥缈奇幻。院里的花朵辨不清形状模样，只觉分外瑰丽，华美异常。踩着轻快的步伐去远方寻找，穿过阡陌和层层迷雾，我竟微怔在那奇妙的小院前。只见满园繁花带着妖冶的魅惑，“里昂村庄”秀气的卷边花瓣闪着亮玫红的绚丽色彩。“当她轻轻走进我的眼眸，就带走了我的心。”我在白色的精致栅栏上，镌刻下了如斯诗句。

此时院落的主人从屋内款款而来，利落的短发干净而明媚。她在小院里慢慢踱步，欣赏着每一朵盛放的娇蕊。仿佛有心事，她慢慢停下脚步，伫立在“皇帝”前细细轻观。只见口径 30cm 的古朴陶盆缀满了沉甸甸的大花朵，每一朵都展现出不同的优雅姿态，多变的造型让人恍惚。而颜色更是丰富，雍容的正红，少女情怀的淡柔粉或是鹅黄、豆绿、亮粉交织的绚烂，搭配得浑然天成。

女子白色的裙摆慢慢旋转起来，走入了旁边满墙的小花中，形成了另一幅图景。天蓝的

小花瓣清新纯净，鹅黄色的花蕊迷人亮眼。只有5cm的小花花量惊人，成串流泻的轻盈灵动仿佛蓝色瀑布，更如同坠落天幕的星雨，让人一见倾心。"茱斯塔"，她轻轻地念着小花的乳名，好像在呼唤自己的爱人。

"米米童"，几位女子在屋外轻喊着，院子的女主人倏而抬起头，展开淡雅的笑颜，熟络地邀请她们入屋。纤纤巧手在厨房短暂停留，清新的甜品馨香就侵占了鼻尖。偶有零星的只言片语与淡淡的笑声从屋内传来，她们在探讨分享着种花心得，海阔天空地谈论着某部书籍的段落。

可爱的女人们远离喧嚣，在方寸之间搭建起了属于自己的惬意生活，诗意人生。

扫一扫
更多有关
铁线莲的
品种介绍

韧如铁线
花开如莲

Blue Light

早花大花型

花色：浅蓝
花瓣类型：重瓣
花径：大花，9~11cm
花期：5—6 月，8—10 月
株高：2m 左右
修剪方式：2 类（轻剪）
栽植方位：南、东、西
耐寒区：4~9

陌上花开
可缓缓归矣

创新陌上尘

品种：蓝光（*Blue Light*）
坐标：江苏徐州
职业：私企销售人员
环境：*20m²*露天花园；
新增*150m²*露天花园

蜿蜒纤巧的铁线莲花，
勾画出座座清新雅致的锦绣亭台，
也细心描绘了一卷母子连心的养性之书。
以花修身，以植养性，以情为人。
如古有段誉善种茶花，惜之怜之，
崇《周易》之理，尊佛偈语，一派少年侠士之风，出尘不染。

庭宇方停雨，朱霖吹竹林。
屋上衔春泥，归燕认故巢。
惜花人自姑苏来，闻道新莲正欲兴。
一箪颜回于陋巷，携壶藉草弄园情。
栽植如岁初，风记白衣吟。
惆怅远行客，香红翠叶卧窗听。
秾瓣缱绻，锦漫千步，
绿荫春暮绯衫新。
才子调静轩，把酒深盟古人心。
修身意，养性德，功名若浮云。
拈来偎晨露，往来青芜频。
闲来俗务暇，终日绕苑行。

知世故而不世故，
便是诸法了然之大彻大悟。
展开至圣先师的古本精藏，
终日品读不苦，
如醍醐灌顶、身净心明。
四方庭院之家，素色青衫、衣袂若仙，
常怀善眸慈心，香薰环佩瓔珞。
收集清晨朝露，泡一壶浅淡粗茶，
邀三五好友于庭院，畅叙幽情。
虽无丝竹管乐，却有锦绣相伴，
惠风和煦，把酒言欢，
亦不枉人世走一遭。

“给那株‘蓝光’再浇点水吧。”母亲柔声道。
“好，我去取水壶来。”一个年轻的男人轻快地回应。
“顺便带一把铁锹，我们一起整理下院子的小路吧！”
“我也这么想，不过我一个人弄就够了，您就负责浇水吧。”寻常不过的对话，在幽兰的小院里时常响起。

这里是一座古朴的小镇，居民们热情善良，对美好的事物充满好奇。如今院子里的花

朵又盛放了，“蓝光”沉甸甸的花球挂满了整个支架。一朵朵重瓣的花球像大自然精心雕琢的艺术品，层层叠叠的浅蓝色花瓣犹如翻滚的小浪花。远远望去，满满一树的蓝色花球，仿佛一个个淘气的孩童，在浩瀚的海洋里追逐嬉闹。

邻居好友见了都啧啧赞叹，三五结伴的花友纷至沓来，而院子里总有一位和蔼优雅的妇人，满心欢喜地邀请各位访客落座，泡一壶清新的花茶谈莲诉平生，好不惬意热闹。

独乐乐不如众乐乐，院子的主人还有一个更

大的梦想：建一个私家铁线莲专类园。最好有20余株镇园之宝，每株都开出百朵以上的花苞。还要收集300个铁线莲优秀园艺品种，建成一座如英国四季花园那样的私人庭院，让每一位爱莲之人都能欣赏到花开满眼的盛景。

从前常常在唯美的电影里欣赏到繁花似锦的优雅庭院，看女主角身着蕾丝长裙，悠闲地享受着美好的午后时光，不禁让人心驰神往。而中国自古就有茶道、园艺和高洁雅致的生活意趣。庭院深深、小楼听雨的闲淡之境，更使人为之倾心。若有幸一睹铁线莲集体盛放的迷人风采，实乃人生之一大幸事。

与爱莲惜花之友共赏良辰美景，品茗谈心抑或把酒言欢，皆可谓人生至乐。

韧如铁线
花开如莲

Freckles

雀斑

卷须型

花色：乳白色

花瓣类型：单瓣

花径：5cm 左右

花期：11 月至次年 2 月

株高：3~4m

修剪方式：1 类（不剪）

种植方位：南、东、西

耐寒区： 7~9

悬壶济世人
仁心濯清莲

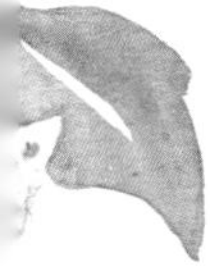

新奇士

品种：雀斑（*Freckles*）

坐标：广东湛江

职业：医生

环境：$300m^2$ 天台

医者仁心，
白衣天使的指尖不止有救死扶伤的手术刀，
还有迷人优雅的铁线莲花，
缠绕在绵绵指腹的茎叶，
柔软的仿佛是对待患者的微笑。
温情与爱是治愈一切伤口的良药，
人间奇迹总在暖心的故事里诞生。

铁线灵仙通经络，多愁多病思难平。
衣带渐宽颜非昨，何人悬壶医莲心。
翩翩雪茶醒神冥，零落红泥如冬青。
半夏别时梦扁鹊，杏林春暖奏弦音。

纯白的长袍轻轻地落在脚踝，
干净的眉眼萦绕着消毒水的清新，
温和的微笑与宽慰的话语情暖心安，
见过的人都说这是天使的模样。
而生离死别总是轻易地落入医者的眼眸，
无常的江湖里还有侠士在见义勇为。
常道“我有一壶酒足以慰风尘”，
却不知大夫一壶药足以济世人。
与千军万马力战而无所畏惧的英勇将领，
也拥有卸甲后平凡落寞的小思绪。
花草是治愈伤口的良药，
敷在柔软的仁心上会开出绝美的红花，
那里有世外桃源繁花似锦的模样。

牛顿被一枚苹果砸出了万有引力的顿悟，而我被一大朵包菜花砸中了心房，疯狂而执着地爱上了一位纯真的“异域少女”。

她的名字叫雀斑，初见倾心，再见倾情。浅色的脸蛋上有着阳光的痕迹，淡淡的斑痕并没有影响她的青春与美貌，相反，正是这非同寻常的斑点让她更为光彩照人。

就像我爱所有的姑娘，漂亮的、青春的、优雅的……这些爱不存占有之心，只有欣赏的尊重与深深的怜惜，每一处眼角的皱

纹与腰间的丰腴都有别样动人的故事。她们如同朵朵娇艳曼妙的花朵，“如梦”“经典”“东方晨曲”都美得清新。而其中最让我着迷的还是“雀斑”——异域的纯真少女。单薄的身体青春扑鼻，简单的衣饰间缀着300余朵盛放的繁花。点点斑驳缀在纯色的脸蛋上，让阳光的温暖、沙滩的海洋气息满满充盈。

她的秀发如独特的垂铃，春分时就开始展现出绝美的垂顺灵动，一串串悬挂在绿叶饰物之间，细长、柔软的花梗发丝让点缀在其间的花朵更为飘逸灵动。4瓣鹅黄色的花瓣上，布满了紫红色的小斑点，自由活泼，让花朵与长发都充满了艺术的流动气息。金黄色的雄蕊集结成束，和紫色的斑点相得益彰，真如铃铛一样，叮当作响像是雀斑少女怯怯的私语。

白天我非常紧张，作为一名医生，看尽人间生死，忙碌而迷茫着。每日清晨对着明镜拿起剃须刀，浓浓的胡茬总让我有瞬间的挫败。然而穿戴整齐后上天台望一眼精心栽培的花朵，轻吻我最爱的“雀斑”，那柔软的发间清香总能让我斗志昂扬，仿佛重新看到了希望的曙光。这满满的幸福感，就是工作的动力与心灵的栖身之所。

生活，慢一点，再慢一点。“陪伴是最长情的告白。”

韧如铁线
花开如莲

Red Star

红星

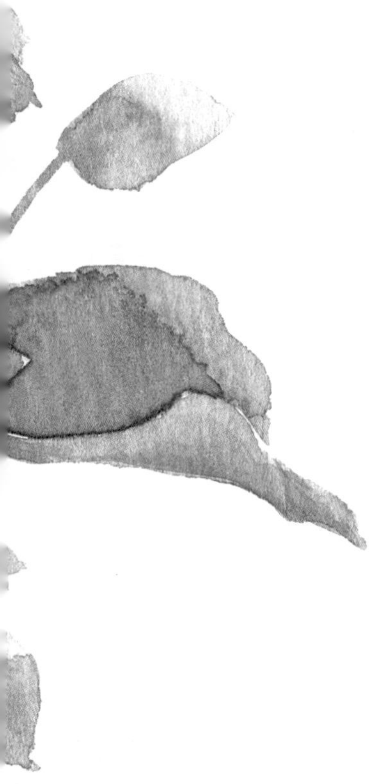

早花大花型

花色：浅红

花瓣类型：半重瓣 / 重瓣

花径：大花，10~14cm

花期：5—6 月，8—9 月

株高：1.5~2m

修剪方式：2 类（轻剪）

栽植方位：南、东、西

耐寒区：4~9

大自然的设计师
弹拨着植物世界的藤蔓

AKK

品种：红星（*Red Star*）
坐标：上海
职业：设计师
环境：*200m²* 院子

以设计之名，
把植物的万种风情凝固在现代建筑里，
幻化成自然之家的宁静悠远。
水乳交融的园艺与建筑，
犹如太极图的黑白两色，
互相影响、相互衬托。
这静止的动态美，是中国新兴设计师的未来。

廊腰缦回听雨声，巧夺天工慕娉婷。
芙蔻碧环且轻吟。
晚风清，弄筝上弦遇湘灵。
碧玉梧桐绕深庭，梅香晓疏画栋盈。
鹊桥菡萏辞薄冰。
月如明，泽芝小楼成共和鸣。

ZAKKA 风吹过铺着棉格布的餐桌，
一株新奇的浅色植物与其同框，
就是一幅惊艳的小清新画片。
玻璃房子的边角上还有面盛放的花墙，
爬满了田园的宁静与欢欣的心绪。
水泽边的麋鹿带着楚楚的眼神，
悠闲地漫步于水草之间；
松鼠跳着碎步采撷着美味的坚果。
童话故事书的插图落在院里，
是大胡子设计师精心的雕琢，
还是上帝的灵感忽而迸发？

如果说“清水混凝土诗人”安藤忠雄还萦绕着建筑大师的一点点冰凉，那AKK的花园里更散发着一种隈研吾大师的植物馨香。

“假如一个古代文人或僧侣穿过时空隧道来到这片山谷，他一定会避开那几栋工业气息浓厚的建筑，走进隈研吾的竹屋，径直下到竹茶室，那正是焚香、冥想、静坐和对弈的绝佳空间，是面对长城和大山‘相看两不厌’的处所。”有人曾这样评价隈研吾的竹屋。而假如AKK设计的花园有古人造访，必定又会有别样的新奇体验。古老

文明的熟悉感在植物中缓缓流淌，而现代建筑与未曾谋面的花草又带给人奇妙的视觉盛宴。读书与沉思，伏案而眠，都是如此心旷神怡。自然潺潺的流水声与文人吟诵的读书声。叮咚的泉涌，看似随意的陈列，禅境的布置，是设计师曼妙的吹奏。植物在建筑的夹缝中缓慢生长，和房屋饰品完美融合在蜿蜒的曲线里。有时偏向日系ZAKKA风，带着小物的简洁细致之美；有时又偏向清新脱俗的森系风，仿佛是回归自然的原始之美。种种恬淡风情，都幻化成水乳交融的宁静悠远，凝固在了诗歌与园艺建筑相遇的交点上。

正如一株冉冉升起的"红星"，满园迎风摇曳中的花苞，唯独有一种浅红色的大花朵带着粉色条纹绽放，桃尖拱形、边缘是波浪状，由上而下渐变的美妙让人沉醉。每一位建筑师应该都是一位植物学家，都喜欢温暖的阳光流淌在血液里的感觉，像草木一样汲取着光的爱抚。

建筑主体随着时代潮流交替更迭，19 世纪的石头和木材，20 世纪的混凝土，21 世纪会是什么呢？无从得知，但必然是趋于自然与建筑美学的轻巧材料。也许植物是此刻能想到的最佳答案。

打造一座花园，不是为了美观，而是营造一种让身心放松的氛围，给忙碌的都市之心一个小憩的中转站。这里没有时间的流逝，只有花、草、木、石的和谐共生，只有人景合一的浅淡画卷。

扫一扫
更多有关
铁线莲的
绘画过程

皇帝

早花大花型
花色：紫粉
花瓣类型：重瓣
花径：10~14cm
花期：5—6月，9月
株高：1~1.5m
修剪方式：2类（轻剪）
栽植方位：南、东、西
耐寒区：4~9

蓝光

早花大花型
花色：浅蓝
花瓣类型：重瓣
花径：大花，9~11cm
花期：5—6月，8—10月
株高：2m左右
修剪方式：2类（轻剪）
栽植方位：南、东、西
耐寒区：4~9

雀斑

卷须型

花色：乳白色

花瓣类型：单瓣

花径：5cm 左右

花期：11月至次年2月

株高：3~4m

修剪方式：1类（不剪）

种植方位：南、东、西

耐寒区：7~9

红星

早花大花型

花色：浅红

花瓣类型：半重瓣／重瓣

花径：大花，10~14cm

花期：5—6月，8—9月

株高：1.5~2m

修剪方式：2类（轻剪）

栽植方位：南、东、西

耐寒区：4~9

韧如铁线
花开如莲

Flore-pleno

绿玉

佛罗里达型

花色：白

花瓣类型：重瓣

花径：7~10cm

花期：6—9月

株高：1.5~2m

修剪方式：2类（轻剪）或3类（强剪）

栽植方位：南、东、西

耐寒区：6~9

在江南倾听
一朵花开的声音

无锡典故

品种：绿玉（*Flore-pleno*）
坐标：江苏无锡
环境：古宅

状江南·仲夏

（唐）樊旬

江南仲夏天，
时雨下如川。
卢橘垂金弹，
甘蕉吐白莲。

明朝末年的某个夏日，无锡东亭一隅，晨曦透过江南独有的氤氲水气投照在华氏府邸，越发显得亭台楼阁气象巍峨，庭院深深草木葱茏。

就算你未曾得见华府“千日造龙亭，一日改东亭”的奢侈堂皇，也一定听闻过“唐伯虎点秋香”的风流韵事，赫赫有名的华太师就是此华府的远祖。话说华氏一族自明末以来世代阀阅，早已是当地的名门望族。华府主人华锡琦时任礼部铸印局大使，官至五品，膝下儿女成群，却独将幼女五小姐视若掌上明珠。眼见五小姐到了标梅之年，老父为她挑中同乡进士荣光世之子荣培彦为乘龙佳婿。此时婚期将至，为着张罗十里红妆，仆妇们的往来嘈杂打破了华府清晨的宁静。

故事的主人公五小姐正在绮窗绣帘中百无聊赖，忽闻侍女来报自己心爱的铁线莲初绽，便决意去后园赏花。分花拂柳来到园中，只见柔如丝、韧如铁的花茎缠满了偌大的花架，浓绿的叶片如瀑布倾斜而下，隐匿在层层绿意中，无数嫩绿色的花苞正蓄势待发，刚绽放的娇嫩花朵通体碧绿，透出美玉般的光泽，花瓣细碎层叠，由外而内一圈圈打开，像一朵玉色莲花清新淡雅，虽无袭人清香却自有一种沁人心脾的高雅淡洁。

五小姐看得痴了，不由想起前人诗句“卢橘垂金弹，甘蕉吐白莲”。心想：这些可及我园中名花吐艳？又忆起儿时乳母讲过葛良工和温如春以绿菊为媒终成佳偶的故事，心想自家的这株名为“绿玉”的异卉

是祖上所遗，品相也算世所罕见，只是不知自己是否有葛氏之幸，那荣家公子是否能与自己合心相守，今后的生活是绮窗画眉、斗茶猜书还是凭栏嗟叹、冷暖自知？

嫁期将至，那人却只存在于家人的只言片语中。任是自幼在父母庇护宠溺下不识愁滋味，五小姐也在内心泛起细碎却真实的忧虑和不安。于是终日向争先吐蕊的花朵们小心翼翼地倾诉女儿心事，寄托了待嫁女子所有不为外人道的忧愁与希冀。出嫁当日，披上簇簇红嫁衣的五小姐向老父提

出了最后一个愿望：希望将后园的绿玉分出一半让自己带去夫家。从此，这株铁线莲跟随她历经风雨，百余年后仍然繁衍不绝，数度无人问津却依然枝繁叶茂。

她更无法预料的是，留在华府的那株铁线莲不久后便花残叶落枯竭而死。世事更迭，华氏后人又从荣家迎回种植，留下一段〞进士府第铁线莲，百年沧桑回娘家〞的韵事佳话。

阅读延伸：

1688年我国最早出版的园艺典籍《花镜》中就有铁线莲重瓣种的记载。

『铁线莲又名番莲，
或石威灵仙，
以其木细似铁线而得名。
苗出后，
即当用竹架扶持之，
使盘旋其上。叶类木香，
每枝二叶对节，一朵千瓣，
先有包叶六瓣，似莲先开。
内花以渐而舒，有似鹅毛菊。』

从其描述来看倒是和我们云南原生的『绿玉』比较相似。

韧如铁线
花开如莲

Doctor
Ruppel

经典

鲁佩尔博士

早花大花型

花色：深粉

花瓣类型：单瓣

花径：大花，15~20cm

花期：5月，7—9月

株高：2~3m

修剪方式：2类（轻剪）

栽植方位：南、东、西

耐寒区：4~9

冷香萦遍虹越梦
梦回江南处处花

孙磊

品种：经典，又名鲁佩尔博士
（*Doctor Ruppel*）
坐标：浙江海宁
职业：花园植物传播者
环境：花园植物苗圃，
$20000m^2$ 铁线莲苗圃

美丽的象牙塔培育出一位婷婷玉立的少女。
怀揣着播撒铁线莲花种，
传递植物情怀的梦想，
她用最质朴的语言和行动，
默默守护着生活艺术的天空。

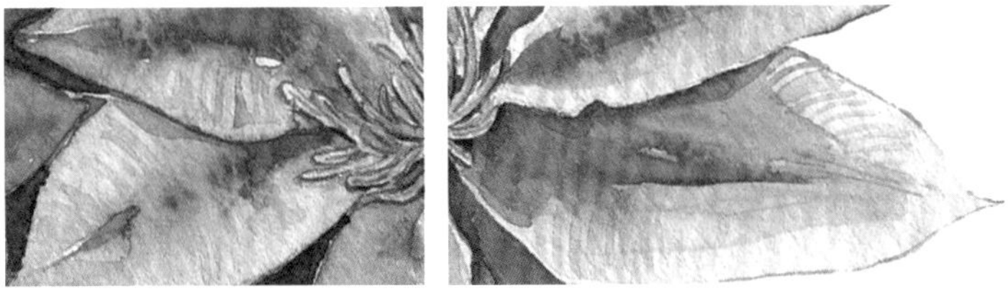

冷香萦遍虹越梦，梦回江南。
青烟雨闲，乱山残照竞红颜。
今夜风絮难成眠，落花轻飐。
韶华月浅，飞入寻常小红园。

德墨忒尔不小心打翻了仙界的盆栽，
几粒花种意外地落于人间。
茫茫沧海中忽现的惊世绝艳，
被有心人装在箱箧里徒步漫游。
心坚志远的苦行僧翻越着山川湖海，
寻找一片落地生根的归宿家园；
怀揣信仰的传教士穿梭在城宇街道，
游说着有缘人收下自然馈赠的厚礼。
传说植下这些花籽的善良人，
都将会在春天收获幸福与平静。
这里有一个花草传播者的童话故事，
就在盛放时节里最美的那株铁线莲前，
朋友们煮好了新茶正等你来听……

热爱铁线莲引进和推广工作的她，一方面搜集优秀品种，另一方面总结每个品种的特性及种植、栽培要点。她希冀让铁线莲在它的起源地——中国绽放更多精彩！

求学时如一株幼草，从北京林业大学花卉学泰斗王莲英、刘艳等重量级学者教授那里汲取知识的养分；毕业后迷上了花草萦绕、四季皆美的江南水乡。幸运的她进入了一个以引进和销售国外新品种闻名的园艺公司——虹越，在这里她见到了近千种国外引进的新优植物品种，也是在这里她见

到了梦中的铁线莲，这个只需一眼就让人铭记于心的奇特花草。

那是许久前一个被大雨淋湿了的午后，彩虹正若隐若现地悬在蔚蓝的天空。一位白发苍苍的老爷爷兴冲冲地推开了虹越园艺家门店的玻璃门："请问这里有铁线莲卖吗？"那一刻是令人激动的，铁线莲终于深入了民间，那种兴奋至今令人难以忘怀。

拉开木质花纹的抽屉，一封来自山西的信笺静静地诉说着属于它的故事。展开信纸，工

整的字迹写满了一位铁线莲爱好者的心愿。他想购买的植物品种中铁线莲占了半壁江山。每次阅读都会怀着虔诚的心情，因为那是远方的知音与可贵的真诚。

每年 5 月初，“鲁佩尔博士”就展现出非比寻常的华彩来。靓丽的红色瓣状花萼，温柔的粉红和鲜艳的洋红组合而成的双色花瓣喜庆又不艳俗。花径可达 12~15cm，层层叠叠的花朵拼成一面繁花似锦的花墙；而在夏季短暂休眠后，7 月时“鲁佩尔博士”又迎来了第二个花季。脱俗的表现让她获得了英国皇家园艺学会颁发的花园优异奖。

虔诚的传教士，披着鲜红的斗篷，迎着狂风和尘土，她坚定的眼神凝视着播撒花种的热土。风沙将她的斗篷吹散，在柔软的角落绣着几个娟秀的模糊小字：让世界开满中国系铁线莲。

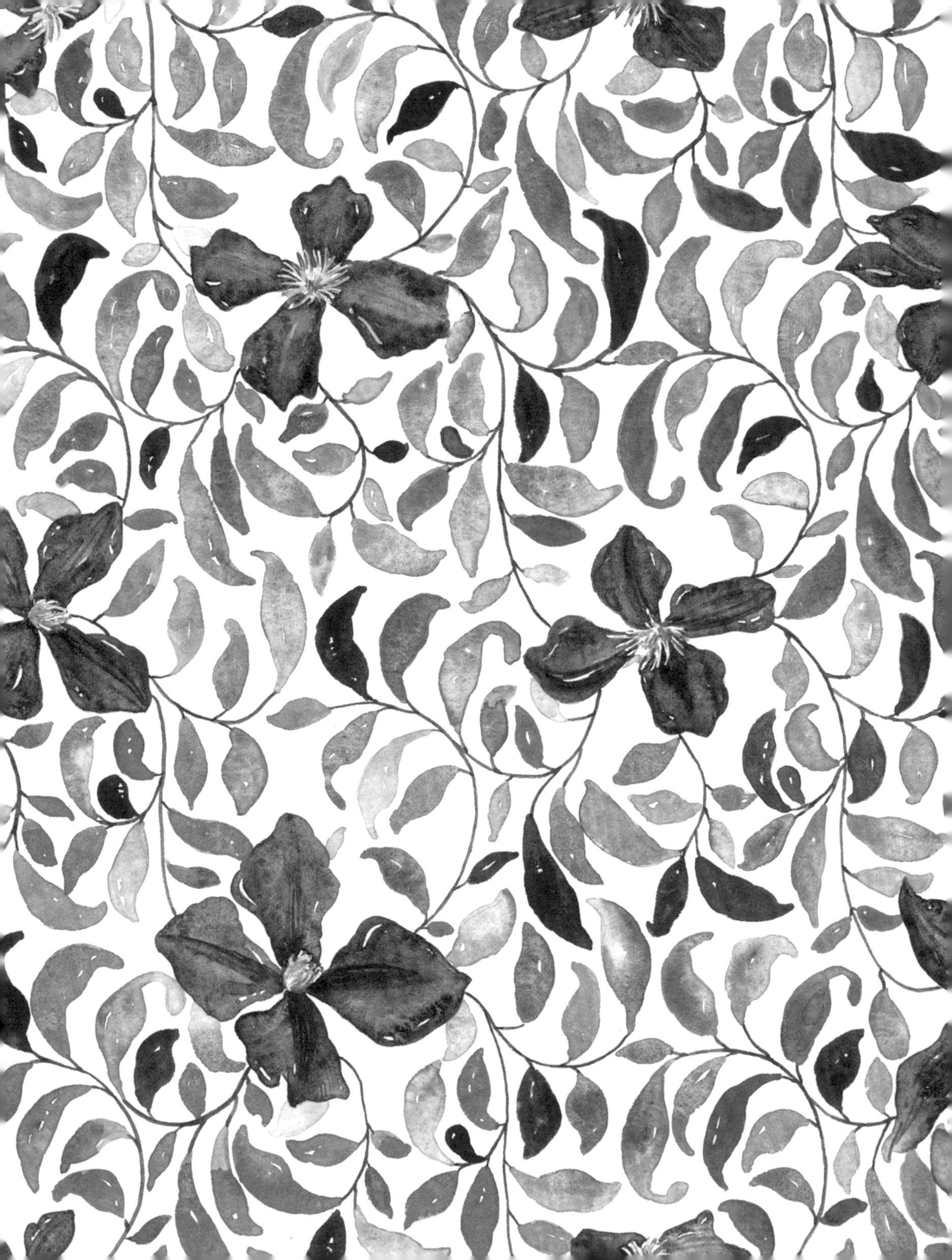

韧如铁线
花开如莲

Jackman Ⅱ

杰克曼二世

晚花大花型

花色：深紫

花瓣类型：单瓣

花径：中花，10~12cm

花期：6—9 月

株高：3~4m

修剪方式：3 类（强剪）

栽植方位：南、北、东、西

耐寒区： 3~9

上帝握着她的手指
绘繁华

奈奈与七

品种：杰克曼二世（*Jackman II*）
坐标：北京—上海
职业：自由职业者
环境：小花园；小阳台

纤纤巧手织就艺术藏品，
诗词书画是才女的彩丝银线，
编织了一张梦想的双丝网，
密密的绳结是朵朵盛开的铁线莲与收藏的情结。
灵动的想法一触即发，
在裙摆的边缘与手绘画作的渲染里耀眼绽放。

纤纤莲素手，密密绘榴裙。
眼波清且浅，彩图如虹云。
谢庭咏雪态，丹青染朱唇。
水沉玉臂转，尺素又迎春。

戴望舒走过雨巷，
创造出了丁香一样结着愁怨的姑娘。
如果他曾见过威灵仙的模样，
也许在那条悠长的小道上，
会蜿蜒出另一位番莲一样的姑娘。
上帝会握着她葱白的指尖，
用心描绘铁线莲雍容的婉转缠绵，
以茎和叶为丝线织就玲珑的薄纱裙仙。
是书页吸引了飞舞的花蝶，
在漫长的岁月汇成了艺术的清泉。
饮一杯碧色田园的花茶，
有爱情的滋味落在盈盈的嘴角边。

千面美人在每个午夜时分都会变换一张倾城的容貌，她是妖孽，诡谲曼妙地潜入院落主人的梦境中。魂牵梦绕，她疯狂地迷恋着杰克曼二世。

执笔书繁花，奈奈与七的笔尖仿佛有张爱玲、亦舒的影子在翩翩起舞。曼妙的文字将她与铁线莲 7 年的爱情故事写得淋漓尽致，从最初的偶遇、心心念念的惦记、钟爱品种的寻觅到坠入铁线莲爱河、品种的疯狂搜集……汇集成《7 年，我与铁线莲的故事》，咏絮之才因此文初现。

灵感总是在惬意生活中忽而闪动，纤纤素手描画铁线莲母女裙，所见之人皆为之倾倒。女儿淡绿色的纱裙上描绘着紫色的花朵，裙身的图案精美绝伦；妈妈的纱裙里倒映着女儿穿花裙的剪影，奇妙的意境与层叠的缥缈让人心醉。另一款仙气十足的纱裙，盛放着“杰克曼二世”纷繁的深紫色花朵，点缀其中的是绿色雄蕊，细碎的蓝色穿插在嫩绿之间，柔和的配色洒满了整个淡紫色的裙面，令人垂涎。正是满墙的杰克曼二世，如蓝色瀑布般绚烂地倾泻下来，让她整个眼睛甚至心灵都被净化了，才得以创作出如斯华美的纱裙。

惜花之心最为柔软，爱花亦爱人。也曾将花绘于马克杯上，蜿蜒细腻的笔触层叠多姿，每一次饮水都似在汲取莲之露珠。这样的艺术品的售卖从来都不会沾染铜臭味，集到的善款都捐入了慈善机构，如斯情怀大概就是人们常道的善心如水吧。

"千面女郎"铁线莲是植物世界里艺术的化身，将其绘在裙摆上，便是一出美妙的浪漫电影；将其织在缎面上，就是一幕法式街头的唯美画卷；将其描于杯盏之上，竟开出了良善的奇妙花苞，恬淡安心。

在纯净的梦乡中，上帝握着奈奈与七的手指细细描绘着人间繁华，以温柔良善的颜料渲染着莲之缤纷。这是一幅定不了价格的画卷，如若有，便喊无价。

扫一扫
更多有关
铁线莲的
种植心得

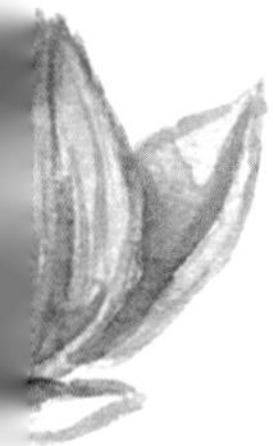

韧如铁线
花开如莲

Josephine

约瑟芬

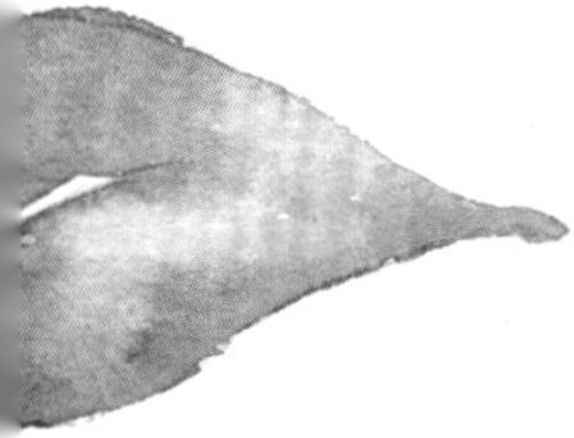

早花大花型

花色：粉红，在背阴处会开出绿色花
花瓣类型：重瓣
花径：5~12cm
花期：5—9 月
株高：2.5m 左右
修剪方式：2 类（轻剪）
栽植方位：南、东、西
耐寒区：4~8

清莲凝霜雪
却把暗香嗅

凝香

品种：约瑟芬（*Josephine*）
坐标：浙江富阳
职业：500强企业主办会计、财务管理
环境：40m^2花园

智慧干练的事业型女子，
在功成名就之时抛却了俗物与光环，
回到满是童年回忆的江南小镇。
在家庭后院里拾回了最初那个天真烂漫的少女，
用一株株美丽的铁线莲抓住了自己的青春与梦想。
灵魂深处有香气的女人，即使历经岁月的镌刻，
也会在上扬的嘴角边绽放出最为优雅迷人的花朵。

巾帼执事繁，辗转列地游。
清莲一枝凝霜雪，忽闻绮梦蔷薇嗅。
更阑人静卷珠帘，此情不待哪堪眸？
画扇题诗迟，多少往事欲语休。
重回故地，素手亲植，满园葱茏。
落籽东篱下，悠然和花眠；
俏如三春桃，甜若百果酒。
倚门回首轻歌，薄衫罗裙曼舞。
盈盈花盛处，脉脉眼波流；
纱裾任风染，飞鸟随香走。
皓月翠钿宝髻松，江南幽兰静庭秋。

落日的余晖还眷恋着屋顶的瓦片，
瓦尔登湖的小船便搁浅在了透明的茶几边，
不疾不徐的清风还在轻摆，
等那壶花茶煮一屋黄昏的幽香。
竹篮盛满了新鲜的蔬果，
丰收的滋味融化在女子纤细的指尖，
而那奢靡的金勺竟成了硕鼠的新宠。
墅园是花团锦簇的模样，
每一朵蕊芯，
都有希望和生命的真挚笑颜。
他们说：童话故事里最动听的描述，莫过于此。

总是大步流星地奔波辗转于各大城市的会议室与机场的等候厅，忙碌而少有空闲。每一个独处的夜晚，是寂寞与面对数字报表时零乱的发丝在陪伴。

从前，这就是我的生活。我错过了与孩子一起，在春天放飞风筝时奔跑出汗的乐趣，失去了无数个饭后与爱人携手漫步的悠闲傍晚。

如今，回到儿时的江南小镇，抬头便可望见满园花草。每日对镜梳妆，总是安心而

幸福，不骄不躁，这素淡的面庞却有另一种平和之美。这里是陶渊明笔下的桃花源，隔离了外界喧嚣纷繁的世界，在院内的闲暇时光总是美好而悠长。

铁线莲是藤本皇后，而“约瑟芬”是铁线莲皇后，这霸气的感觉像极了我骨子里的女王之魂。“约瑟芬”梦幻的柔粉色雍容华贵，无论新老枝头都会开出绚烂迷人的重瓣大花，在背阴处开一些绿色小花，与蓝色的栅栏相得益彰。旁边的意大利铁线莲，秀气的小花密密布满枝头，如同彩色的瀑布倾泻飞驰，

也甚是壮观。

我有一个忠实的伙伴——一只名叫香奈儿的小狗。有灵性的它知道我对铁线莲的良苦用心，园里的花朵它从未破坏，每次忙碌地修剪、抓虫时，它都会静静地陪在我身边，安静地闪着明亮的眼眸。

转眼又是迎接繁花密集盛放的时光，这真的是人世间最为幸福之事。和前来观赏的邻居朋友共享美景，倾吐心得；与丈夫携手花前月下，在芬芳的空气里筑起爱的小巢。那些被唤作甜蜜的时光，总会在留声机的陪伴下，印刻在古老的唱片中。

有花、有草，有蓝天白云和亲人的陪伴，就是人间最美的四月天。

绿玉

佛罗里达型

花色：白

花瓣类型：重瓣

花径：7~10cm

花期：6—9月

株高：1.5~2m

修剪方式：2类（轻剪）或3类（强剪）

栽植方位：南、东、西

耐寒区：6~9

经典 鲁佩尔博士

早花大花型

花色：深粉

花瓣类型：单瓣

花径：大花，15~20cm

花期：5月，7—9月

株高：2~3m

修剪方式：2类（轻剪）

栽植方位：南、东、西

耐寒区：4~9

杰克曼二世

晚花大花型

花色：深紫

花瓣类型：单瓣

花径：中花，10~12cm

花期：6—9月

株高：3~4m

修剪方式：3类（强剪）

栽植方位：南、北、东、西

耐寒区：3~9

约瑟芬

早花大花型

花色：粉红，在背阴处会开出绿色花

花瓣类型：重瓣

花径：5~12cm

花期：5—9月

株高：2.5m左右

修剪方式：2类（轻剪）

栽植方位：南、东、西

耐寒区：4~8

韧如铁线
花开如莲

Sieboldiana

幻紫

佛罗里达型

花色：白

花瓣类型：重瓣

花径：5~8cm

花期：6—9月

株高：1.5~2m

修剪方式：2类（轻剪）或3类（强剪）

种植方位：南、东、西

耐寒区：6~9

巴比伦的空中花园里
住着剪刀手爱德华

暖暖的石头

品种：幻紫（*sieboldiana*）
坐标：浙江 绍兴
职业：公职人员
环境：$2\sim3m^2$ 户外窗台

堪比剪刀手爱德华的精湛技艺，
把极小的窗台打造成超大景观的空中花园。
小隐隐于林，大隐隐于市。
以花养心，
石头种花摄影、妻子素描手绘，
一幅神仙美眷的恬淡山水画便跃然纸上。

盈盈亭台风和雨，
袅袅小楼云飞雁。
阁间素衣植，空庭悬浮苑。
栽花数载为红颜，晓薰南陌田。
我黼子佩，琴瑟和弦，帘卷心上颜。
半缘心安半缘君，玉人细描情意绵。
愿借晓春风，吹遍会稽满清莲。
乃知世间真隐士，修身不必入深山。

安美依迪丝王妃的乡思泛滥了，
勇士们就用臂膀垒成了绝美的空中花园。
奇花异草在幽静的林间小道丛生，
幼发拉底河的潺潺流水闪着金色的光辉。
前来朝拜的人们与这摄人心魄的奇迹，
却早已被岁月的流沙掩埋在历史的隽永里。
千年后梦回古城，
一个粉雕玉琢的天使降临人间，
伟大的父亲为其打造了另一座华美的悬苑。
红莲翠叶蜿蜒在小小的亭台上纷繁，
把都市的喧嚣隔绝在楼宇之外。
农耕文明的新兴蓬勃，
在古老的书简里填过预言。

暖暖的石头盛名在外，用不到 $3m^2$ 的小窗台营造出媲美露台的大景观，巧夺天工的技艺让人惊叹！

这一方窄窄的窗台，大部分是铁线莲和欧月盆栽，还有一些天竺葵和爆盆的垂吊矮牵牛。在口径不到 30cm 的塑料盆里，小铁经过精心梳理和造型，柔韧的茎缠绕在精致的铁艺支架上，非常美丽动人。

2009 年石头第一次遇见铁线莲，就直接掉进了铁坑。这植物不仅花色多样、花型

精致，通过支架造型还不占空间，最多的时候小小的窗台容纳了 50 多盆铁线莲。

2011 年石头开始大量搜集小铁，最狂热的时候有 40 多个品种。因为时间和空间的关系，石头慢慢从海量品种中精简，把合适的留下，

如今窗台上的铁线莲只有十几个品种：幻紫、绿玉、包查德女伯爵、乌托邦、春早知、恭子、倒影等。

幻紫是石头最爱的品种，白色的瓣化花萼簇拥着紫色的瓣化花蕊，丝丝入扣，如同紫色

王冠落玉盘一样精致。石头每天坚持打理1~2个小时，盛花时能达到单盆百朵的效果，石头笑称这得益于他处女座追求完美的特质，一定要做出精品才罢休。

石头喜欢把扦插成功的小苗送给喜欢小铁的有缘人，同时还指导很多新入坑的铁迷。几年下来身边围绕了许多花友，他也觉得这个“授之以渔”的过程非常有意义。通过铁线莲种植，生活不再乏善可陈，与志同道合的朋友一起讨论种花锄草，就像每天置身世外桃源一样。

2012年开始陆续有报纸、杂志等报道石头家美丽的阳台和热心的事迹。石头慢慢开始学习摄影，花朵就是最好的模特。妻子也开始学习手绘，这一对才子佳人在车水马龙的偌大都市里，共谱了一曲悠然自得的田园曼歌。

韧如铁线
花开如莲

Crystal Fountain

水晶喷泉

早花大花型

花色：蓝紫

花瓣类型：重瓣

花径：大花，12cm 左右

花期：5—6 月，9 月

株高：1.5~2m

修剪方式：2 类（轻剪）

栽植方位：南、北、东、西

耐寒区：4~9

本来无一物
何处惹尘埃

智冥

品种：水晶喷泉（*Crystal Fountain*）
坐标：北京
职业：银行客户经理
环境：*200m²* 院子

花开见佛性，以铁线莲喻青莲，
植往西方极乐净土的蜿蜒。
大智于纳怀，大慈予众生，
惜花之人生于凡尘，以佛言克己身。
栽满园莲花通佛心，靠菩提之树悟真法。
一壶清茶阅佛偈，明智超脱于世。

尘满明镜暗魂销，
几度青衫把泪抛。
智冥之境言语绝，
忽闻世人三生遥。
歌梵音，转青霄。
玉莲依旧照今朝。
谁念菩提化愁思，
风入五更正轻敲。

人生苦海中的污泥还沾在我的袖间，
挥一挥拂尘便可将迷途的魂魄牵回。
这一世我推开云缠雾绕的佛殿金门，
亘古的梵音落在耳边，
眉眼低垂的释迦牟尼正端坐在莲台中央，
微露着菩提的云淡风轻。
人道走向极乐净土的每一步，
脚下都会开出纤尘不染的素色莲花，
朵朵清白、化愁解思。
今生的业果种于莲宫，
青烟长伴，苦等有缘人来斯。

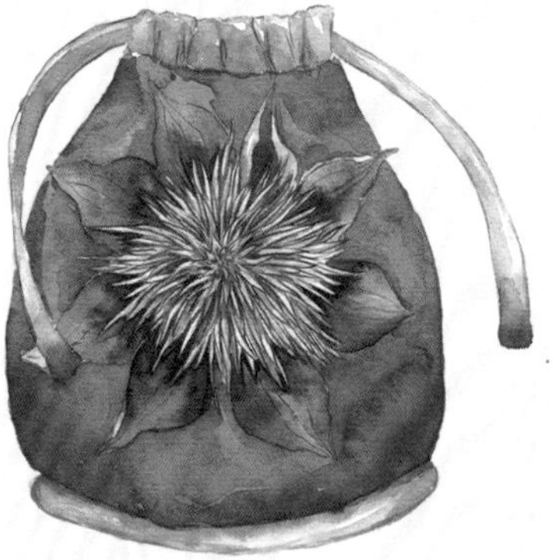

“红尘陌上，独自行走，绿萝拂过衣襟，青云打湿诺言。山和水可以两两相忘，日与月可以毫无瓜葛。那时候，只一个人的浮世清欢，一个人的细水长流。

——白落梅

这是一座通透的院子，檀香深沉而古朴的香气总是幽幽地萦绕在鼻尖。满院的铁线莲花墙，闲散地半开半合，云淡风轻地绽放着。院内一素净男子，着一身棉麻布衣，拈花端坐在中央。寂静而长久地冥想，眉间蹙成的莲花图案缓慢舒展开来，无尽地

延伸至鬓角、发丝，以及院内植株的茎叶上。厚实而柔软的掌心里，纠缠出流年的禅意，仿佛妙手一点，便可生出满园繁花。

曾忆往昔，初识铁线莲之际，仿似瞬间被佛祖点透。似莲的造型出淤泥而不染，象征超脱红尘，四大皆空之意。昼夜轻捻佛珠，浅淡心性。偶有顿悟，便对莲轻念，句句偈语传入花蕊，穿过根茎来到西方极乐之境，见佛笑而如莲。诸事诸人皆归尘土，乃知超脱。

某日闲庭漫步，见“水晶喷泉”朵朵饱满瑰丽，瓣化花蕊自花心喷射而出，晶莹剔透、华美堪绝。远观如座座错落有致的微型喷泉，在一泊巨大的湖面上竞相斗艳。

闲暇时泡一壶苦茶坐于庭院，焚香看清莲。花死根不死，来年吹又生的天道循环，像极了世间轮回，生生不息的因果。初春插一枝莲花供于佛前，重参佛性，遥看极乐世界；深秋掬一把沃土埋于莲边，又是一次凡尘的四季轮回。

此为三境：身有莲而心无莲；身有莲且心有莲；身无莲而心有莲。正如佛曰：“一花一世界，一木一浮生，一草一天堂，一叶一如来，一砂一极乐，一方一净土，一笑一尘缘，一念一清静”。

扫一扫
更多有关
铁线莲的
人物故事

韧如铁线
花开如莲

Bell

铃铛

以紫铃铛为例

单叶型

花色：蓝紫

花瓣类型：单瓣，铃铛状

花径：5cm 左右

花期：6—9 月

株高：1.5~2m

修剪方式：3 类（强剪）

栽植方位：南、东、西

耐寒区： 4~9

仙灵女巫创造奇花异草的神奇魔法

流氓兔和小桃子

品种：铃铛（Bell）
坐标：浙江 温州
职业：财务
环境：$80m^2$ 露台

可爱的“园艺科学家”，
育种之路漫漫，而她将上下而求索。
犹如一位手执魔法瓶的神秘女巫，
开发生动有趣的新品种，
探索花苗排列组合的新世界。
每一天都是充满未知与期待的实验，
这是花与自然的倾心回馈。

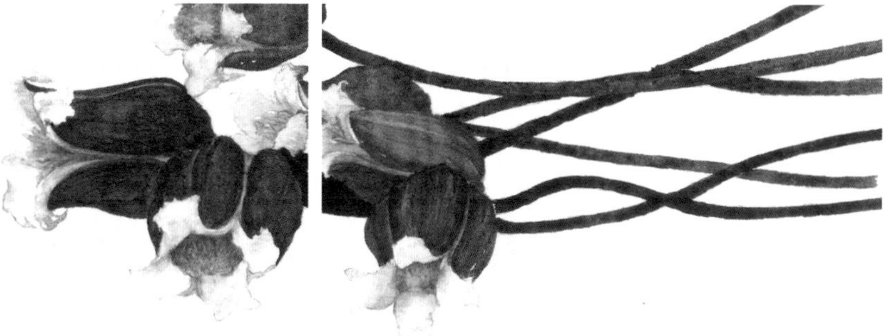

细雨不识花，
但为佳人笑。
甘露绛珠草，
绝艳来相报。
蛱蝶梧桐香，
绿影新苔绕。
彩笺独行乐，
心期如相告。

披斗篷的仙灵女巫，
有一头漂亮的波浪长发，
里面住着各种异想天开的精灵。
她不分昼夜地在实验室里摆弄，
五彩斑斓的魔法瓶和炫丽有趣的仙术。
药水总在不经意间爆炸，
株株别样瑰丽的新物悄然诞生。
每当柔软的午后时光洒落在咖啡杯里，
她便会手提宽大的蕾丝裙摆，
与森林中的精灵欢庆这一场盛宴，
迎接新伙伴来到这个光怪陆离的世界。

每个孩童手中，都有一大把彩色的气球，里面盛满了好奇心与奇思妙想。充盈的氢气，飘忽地带着他们飞到了一座绚丽的糖果屋前。里面有一位魔法时准时不准的仙灵女巫，她还有两个可爱的小精灵宝宝：流氓兔和小桃子。各色瓶瓶罐罐进行的气泡实验常常闹得满屋子鸡飞狗跳。但孩子们总是如此爱她，这个眼睛里闪着绿色光芒的女巫。

女巫的异想天开，总让生活变得有趣。那些关于植物花草扦插的奇妙实验，时常诞

生出特别的新奇物什，颜色绚烂多变，姿态千奇百怪，每一株都是上帝差精灵们送来的快递。几个月时间，任何用心的魔法都掉入了泥土里不见踪影，在拆包装袋之前，永远不知道将会收到怎样的礼物。每当新品种诞生，女巫总会用百灵鸟通知周围的伙伴在森林里来一场狂欢。她最喜欢用铃铛一般的小巧花朵缀于耳垂、发间，蓝紫色的花朵摇曳在她的发丝上，干净而轻柔，跳舞时还会叮当作响。细看这些精致异常的“郁金香型”小花，只有拇指大小，而每朵有4~6枚花瓣。铃铛微小精致的花貌、唇色、腰线都美得

耐人寻味。

在糖果屋主人赴宴的时候，清风不小心翻开了实验室案台上的一本羊皮纸笔记，古老和破败的扉页里，密密麻麻地写着咒语：扦插是寂寞的故事，寂寞地等花开，寂寞地等花粉成熟，寂寞地等种子成功孕育，寂寞地等种子成熟，寂寞地等发芽，寂寞地再一次等花开……杂交育种前先选择父本和母本，母本选择即将打开的花苞，剪瓣化花萼、雄蕊，留柱头，父本则选择刚刚打开有丰富花粉的花苞，收集花粉并洒到母本的柱头上。授粉完成后，用轻质的纸袋扎在授粉成功的花朵上，做好记录，标清父本和母本。若种子膨大则授粉成功。之后2~3个月在即将自然脱落时摘下，当年秋天便可播种。

新生命的孕育，需要长久的耐心与一根哈利·波特的魔杖。

韧如铁线
花开如莲

Multi Blue

早花大花型

花色：深海蓝

花瓣类型：重瓣

花径：中花，10~15cm

花期：5—8 月

株高：2m 左右

修剪方式：2 类（轻剪）

栽植方位：南、北、东、西

耐寒区：4~9

生命的赞歌里有一曲海明威的止战之殇

合肥幸福姐姐

品种：多蓝（*Multi Blue*）
坐标：安徽 合肥
职业：公职人员
环境：$60m^2$ 院子

临近退休的年纪忽而遭到病魔侵袭让人颓废，
然而一切苦难总会在温暖乐观的人面前却步。
知天命却不认命的女人，
用满院的铁线莲迎接每一日的早晨和希望。
生命在艰难苦痛的黑暗下终会破土而出，
重新长出充满生机的嫩芽，
展现自己最美好的芳华。

日日花前别病久，
小园凭栏望东南。
缘起缘灭换重生，
我自逍遥处超然。

死神曾悄无声息地倏忽而至，
落在肩侧与我同行。
归于尘土的恐惧日日相随，
那一场可怕的暴风雪困阻了黎明。
没有硝烟的战争终于爆发，
黑洞洞的枪口没有子弹而是插满鲜花。
晨曦伴随着日出如约而至，
冬去春来的时光吟诵着寂寞的安魂曲。
这不是悲观的凋零，
而是重生的铮铮号角，
吹响了战士踏上新征程的激昂。

当得知自己的身上绑着“倒计时的炸弹”，我竟忽然想起小时候第一次吃到糖果的情景，想起我的青春和年少时光……这些画面如电影般缓慢而迅速地闪过脑海，生命的每一场风花雪月与悲痛欲绝都是存在过的最佳明证。

“不要问丧钟为谁而鸣，它就为你而鸣。”已到天命之年，经历了大风大雨后的船帆虽然有些破败了，但却比一帆风顺的华丽渡轮平稳了。那些年，死神之手常常触及我的肩膀，企图带我远走，是信仰伴随我度过了剧烈的精神苦痛与肉体折磨。

每日清晨，我都会怀着感恩之心去和象征希望的"东方晨曲"打招呼，然后才开始美好的一天。因为这个简单而美好的名字让我找到了无穷的力量。铁线莲拱门是我的得意之作，玫红色的"东方晨曲"搭配浅蓝色的"蓝天使"，颜色鲜艳、花量惊人，绝美地闪着光芒，仿似我重生的门庭。

然而最美的还是"多蓝"，它幽蓝色的萼状花瓣配上同色的瓣化雄蕊，像一朵精致的莲。蕴藏强大能量的铁线莲，在春日可以肆意疯长，在染病枯萎后仍能重焕生机。生命的赞

歌吟诵着英勇的战士，那一把把沉重的长枪被替换成子弹，黑洞洞的枪口上插满了深蓝色的鲜花。

世上的苦难何止千万种，它们也并不只落在一个人的肩头。资助大别山的贫困儿童，让我感到内心的平静与安慰。这不是施舍和救赎，而是我的感恩。感谢身体让我看到今天的日出和夕阳，感恩孩童给我助人的机会，感谢上帝让我与繁花长久地相处。

如今的每一天，我都紧攥着被恩赐的“电影入场券”。看一出人间喜剧或是花园盛景，都是意外赚到的惊喜与好心情。

幻紫

佛罗里达型

花色：白

花瓣类型：重瓣

花径：5~8cm

花期：6—9月

株高：1.5~2m

修剪方式：2类（轻剪）或3类（强剪）

种植方位：南、东、西

耐寒区：6~9

铃铛

以紫铃铛为例

单叶型

花色：蓝紫

花瓣类型：单瓣，铃铛状

花径：5cm左右

花期：6—9月

株高：1.5~2m

修剪方式：3类（强剪）

栽植方位：南、东、西

耐寒区：4~9

水晶喷泉

早花大花型
花色：蓝紫
花瓣类型：重瓣
花径：大花，12cm左右
花期：5—6，9月
株高：1.5~2m
修剪方式：2类（轻剪）
栽植方位：南、北、东、西
耐寒区：4~9

丽茜

早花大花型
花色：深海蓝
花瓣类型：重瓣
花径：中花，10~15cm
花期：5—8月
株高：2m左右
修剪方式：2类（轻剪）
栽植方位：南、北、东、西
耐寒区：4~9

韧如铁线
花开如莲

Patricia ann Fretwell

帕特丽夏

早花大花型

花色：粉红

花瓣类型：单 / 重瓣

花径：12~20cm

花期：5—6 月，8—9 月

株高：2~2.5m

修剪方式：2 类（轻剪）

栽植方位：南、北、东、西

耐寒区：4~9

兰芷为佩 烟雨清莲

王海燕

品种：帕特丽夏
(Patricia ann Fretwell)
坐标：浙江 杭州
职业：画家
环境：$10m^2$ 阳台

爱莲、懂莲、惜莲的女子，
有黛玉才华横溢、葬花落泪的灵动；
有湘云乐观豁达、胸怀坦荡的洒脱；
亦有可卿袅娜纤巧，温柔平和的心性。
如画的佳人款款而来，
执一把油纸伞脉脉走入和风里，
恍然一幅江南烟雨图。

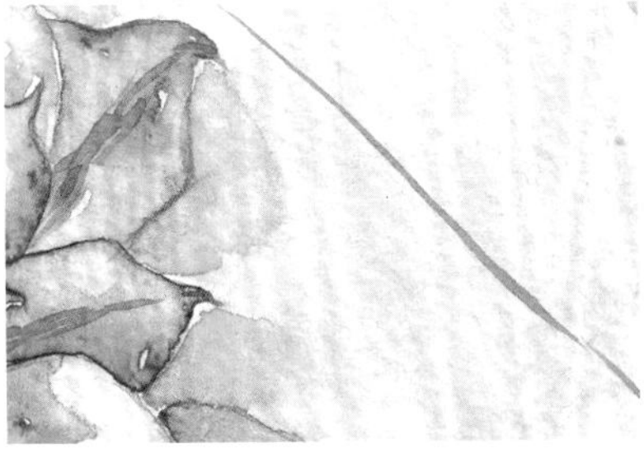

任仙袂之临江兮，
闻秋兰之馥郁。
环荷衣欲泼墨兮，
听环佩之叮咛。
涂丹青余妙笔兮，
夫佳人惜花也。
惟九天濯清莲兮，
蘸琼枝而芳菲。

满纸妙人儿的《石头记》，
婷婷袅袅地伫立着万千芳华。
黛玉的咏絮之才还在潇湘馆盈盈，
湘云乐观洒脱的笑语已传到耳边。
倘若雪芹先生遇见此女子，
看她细绘世间精美的花草藤蔓，
浅淡惊艳的诗词信手拈来，
蕙质兰心的风华绝世独立，
那金陵十二钗怕又会多一位佳人。

唐朝的唐草纹，纹样以植物的茎蔓为主，形成一种卷草纹S形的骨架，舒展流畅、饱满华丽；而缠枝纹则常常将牡丹或花果鸟禽融为一体，再将弯曲变化的枝叶形成向花头缠绕之势，缠枝或缓或急，线条或粗或细，体现出开放的盛唐既古朴神秘又精美华丽的审美意趣。

"记忆里，杭州的冬天是绿色的。即使有时会下雪，植被斑驳脱落，但某些绿色始终挂在枝头，远远望去仍是浓浓的深绿色。凛冽的寒风呼啸在耳，而人们的肤色还是红润透明，如同水晶虾饺渗出的一抹绯红。那时候的杭州人，又要准备好雨前的新茶，三五约伴进山品茗、谈心了，这里的人们

永远把快乐生活放在第一位。时间久了，我的内心也生出了无数闲情逸致，去打探植物的故事。”

海燕老师如诗一般的叙述，把我们的影子拉长到遥远的烟雨江南里。她像极了铁线莲中的“帕特丽夏”，高贵而迷人。这种美丽的花朵以粉色为主，外层比内层花瓣更大，花瓣的最内层是粉白色的，中部是深粉红色的，而边缘会略浅一些。春天的老枝上会开出重瓣的花朵，夏季在新枝又会开出单瓣花来。

在《花境》这本书里，她以花为题创作，带着现代都市的悠远情趣、安居的恬淡生活之美。

无论汉画像石、敦煌壁画、瓷器纹样，还是民间剪纸、刺绣、年画都有花的影子。浓郁的中国古典风花卉，常可信手拈来、随性涂鸦，这些真情实感就是眼之所见、笔之所触时最真实的画面。花与画形成曼妙的禅境。平淡真实、丰富而温润，让人的心境饱满平和，生活恬淡真实。在画卷里既有实景实情，也有跨越时空的追忆与遐思，更有对传统文化的美好寄寓。

扫一扫
更多有关
铁线莲的
绘画过程

韧如铁线
花开如莲

Purple
Dream

紫梦

长瓣型

花色：酒红

花瓣类型：单瓣

花径：5~8cm

花期：6—9 月

株高：2.5m 左右

修剪方式：1 类（不剪）

栽植方位：南、东、西

耐寒区：4~9

紫英初寐梦红尘
浓淡画屏最袭人

斯蒂芬
Szczepan Marczynski D.sc

品种：紫梦（*Purple Dream*）
坐标：波兰 华沙
职业：育种商
环境：*1.2km²* 露天苗圃

为虹越提供铁线莲的波兰供应商斯蒂芬，是国际知名的铁线莲育种学家。虹越国际业务部采购员张译通过十多封电子邮件与密集的电话联系的方式，才打开此位园艺大师的心扉。他向我们娓娓道来了一段生动有趣的铁线莲人生……

尊敬的张先生：

很高兴收到您的来信！针对您的提问（详见P181）我的回答如下：

1. 多年前，我是华沙农业大学的一名讲师，教授花卉学、树木学、植物育种学、苗圃管理学……同时，我还在波兰、美国与荷兰等地开展着研究工作。20多年的教学生涯让我多少有些厌倦了，于是我决定在实践中寻找更多创新。1998年，我从搭档（Wladyslaw Piotrowski）的母亲那里租了5000m^2的土地，我的第一株铁线莲便在此种下了。只要一有闲暇，我就会来苗圃种植和培育它们。铁线莲是一种神秘莫测的多变植物，它们美得惊艳却不易繁殖，稀罕的存活率和昂贵的价格，让这种美丽的植物变得小众而难以获得。爱莲如命的我，有一种传播普及铁线莲的神圣使命感。

2. 我爱所有的铁线莲品种，要说最爱的还是“甜蜜夏日之恋”，在其超长的花期中，成千上万朵迷人的小花从冷艳的紫红色变成优雅的紫罗兰色，令人愉悦的香气可以芬芳整个季节。我也非常喜欢“居里夫人”，近球状的重瓣花朵非常迷人，初开之时，纯净的白色泛着丝丝沁人心脾的绿意。长瓣品种“柠檬之梦”也美得惊人——浅黄色的大花朵仿佛飘着柠檬的芳香，犹如一位异域的美丽女子。

3. 很高兴听到“紫梦”在中国非常流行。这带着梦幻色彩的长瓣铁线莲，是我育种的品类里最受欢迎的品种之一。它比其他的品种更大、更丰富、更芳香。“紫梦”开花的习性自由，色彩各异，为了命名这个系列最好的3个品种，我用了最为充满想象力的词汇“梦”来形容，因为它们如梦境一般绚烂而神秘。然后，我为每一个“梦”添上了其独有的花色：“紫梦”——初开时呈紫色；“柠檬之梦”——初绽时为浅黄色；“粉红之梦”——总是显现出温和的柔粉色。

4. 相较于大学教授的工作，如今作为苗圃工作人员的我事务反而更多，也面临更多的挑战。在大学时积累的经验和人脉，在目前的工作里得到了应用和拓展。我做讲座、刊载文章和出版书籍，还曾两度担任波兰园林苗木协会的主席。现在的我收入稳定，还可以游历世界。其实我仍然在继续从事教学工作，只是以实践的方式进行。少了校园里的繁文缛节，如今我反而能更好地去实现理想：与植物为伴，开发更多新颖、不同寻常的花草品种。

送上最诚挚的祝福！

斯蒂芬

张译向斯蒂芬先生提出的问题。

1. 是什么促使您做出成立铁线莲苗圃的决定？为什么在众多品种中选择铁线莲？

2. 在您培育命名的40个铁线莲品种中，哪一个是你的最爱？为什么？

3. 2012年3月上市的品种“紫梦”，在中国非常受欢迎。能告诉我们更多您培育它时的故事吗？以及为什么这样命名？

4. 从事铁线莲事业之后，您有哪些变化？您对还有哪些梦想？

谢谢！

韧如铁线
花开如莲

Sen-No-Kaze

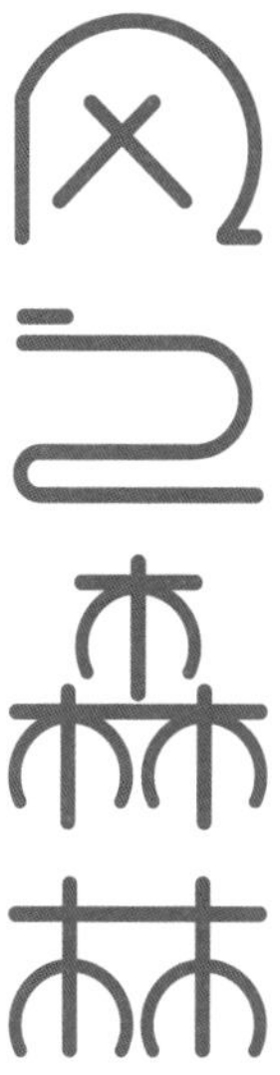

早花大花型

花色：白色带绿色、粉色光晕
花瓣类型：重瓣
花径：大花，11~14cm
花期：5—6 月
株高：1~1.5m
修剪方式：2 类（轻剪）
栽植方位：南、东、西
耐寒区： 4~9

随风去流浪的『绿手指少年』

秘书长

品种：风之森林（Sen-No-Kaze）
坐标：浙江嘉兴
职业：高中生
环境：$20m^2$ 阳台

志向高远的鸿鹄唱着沧桑的《橄榄树》，
期冀如三毛一样流浪远方。
“绿手指少年”是风之子的化身，
犹如一位朴素的吟游诗人，
在幽蓝的森林里追逐着远方的传说与奇妙的世界。
寂寞辽阔的歌声渗透在北方雄鹰的羽翼里，
翱翔在无边的苍茫荒野中。

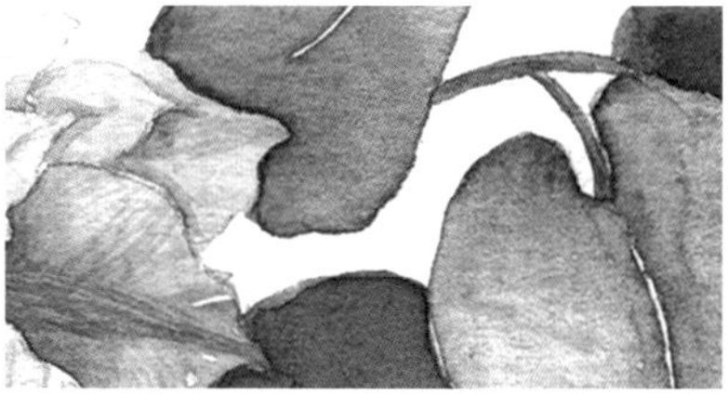

青骢马上鞍，
皎如玉树风。
素衣美少年，
舞象在深庭。
谁言鸿鹄志，
一跃入山林。
置心于世外，
漂泊羁旅行。

在远方幽蓝的森林里住着一群精灵，
他们总是跟着风絮追逐着暝夜的月光，
等待上古圣物被点亮的瞬间。
传说有一位俊秀的“绿手指少年”，
歌声婉转有如夜莺轻啼，
每当吟游的诗词回旋于花草间，
娇艳的芬芳就会舞出最动人的姿态。
风之子燃着熊熊的生命之火，
跟随萤火虫飞舞旋转，
却意外点燃了一团绿色的火把。
希望之种终于蔓延开来，
驾着鸟兽图腾的古老马车，
播撒于人世间每一个黑暗的角落。

芝兰玉树满室香，聊以为佩气如华。宁静的素雅窗台边，一位少年弓着稚嫩的手指，如老行家般在兰草面前认真品评。初生的嫩芽纯白和浅绿色相映，淡雅的素美成花盈盈着沁人的香气，风随意动。

植兰少年清透的根骨里，满是文人骚客的高洁气韵。而偾张的血脉中，有万千芳华、青春少艾的铁线莲注入沸腾的火焰，任其鸿鹄高飞。

“绿手指少年”疯狂迷恋着“风之森林”，这是种有着“绿玉”色彩的奇花。层次分明的绿色，由初绽时的嫩绿向淡绿渐变，再

到绿白交织互相映衬，而瓣尖还泛着阳光爱抚过的橙光，绚烂多姿；绒球般的模样则更像华丽的绿蕊牡丹，高贵的花朵碧绿通透，仿如翡翠一般。小小阳台，是苦读后"窗含西岭千秋雪"的画框。

也许有一日我会去远方，成为美国康奈尔大学的学生，捧着厚重的洋文书在校园的藤椅上阅读。正当我阅读至偶像雷蒙德·艾维森（Raymond Evison）和卡罗尔·克莱因（Carol Klein）的部分，冰凉的雪花忽然落在我的眉间，凛冽的寒风也吹了起来，脖间

那块复古的灰色围巾飘飘荡荡，好像要带我前往园艺花房。

我低吟着《橄榄树》的歌词，周围的人并不知这歌声的含义，但他们都仿佛看见了一个去往远方流浪的行者，寂寞而坚定的眼神，好像沙漠里孤狼的绿色眸光。一路前行，如三毛的撒哈拉之旅般没有方向，只是热爱未知和远方的人们，前赴后继地踏上了脱离桎梏，御风而行的征程。

如果有来生，要做一株莲，优雅至永恒。一半在土里宁静，一半在风中起舞；一半暖人心神，一半冷艳骄矜。凭鱼跃、任鸟飞，自由之心无所缚。

韧如铁线
花开如莲

Vyvyan Pennell

薇安

早花大花型

花色：蓝紫

花瓣类型：重瓣

花径：15~20cm

花期：5—6月，8月

株高：2~3m

修剪方式：2类（轻剪）

栽植方位：南、西

耐寒区：4~9

狂狷赋笔随心意
庭院深处露华浓

蔡建岗

品种：薇安（Vyvyan Pennell）

坐标：浙江 宁波

职业：画家、园艺大师

环境：$36m^2$ 朝北院子

资深的写意画家，也是一位久经沙场的园艺大师。
犹如退隐江湖的世外高人，
举手投足间都让人倍感宁静和舒心。
但在其眉宇间，
你还能看到当年叱咤风云的豪迈与潇洒，
仗剑走天涯的戎马倥偬。
如斯神情，好像就是让郭襄为之倾倒的神雕大侠的眼神。

鹧鸪声外倚棠丛，
白衣游子钓苍穹。
狂狷赋笔随心意，
月渚霞洲梦青虹。

—— 座栽遍奇花异草的唯美庭院，
两三个至交好友于月下对酌诉衷肠。
四五幅称心小作萦莲蕊闻奇香，
六七朵初绽绝艳迎风摇曳。
八九滴雨点落窗前，
十分得意对看悠然田园。
左手绘花鸟鱼虫，
右手栽小苑新苗。
万千恬淡孑然一身，
忆江湖之远最为心安。

几十年前的陕北，一片崇山峻岭气势恢宏。在那些日子里，常常能看到身着粗布麻衣的书画名家们，露着黝黑的面庞和质朴的驼红色脸颊微笑。在劳作间隙，他们挽起袖子席地而坐，只有最朴素的画纸与短小的铅笔头，创作热情却丝毫不受影响。

师从长安派名家王有政老师学习国画；考入西北农林科技大学园艺系进而踏入植物界；2015 年虹越花卉 15 周年庆典上画作被展出……如此熟悉的故事梗概，像极了金庸笔下的人物。在冰天雪地的山洞学过“九阳神功”的惊世武学，又因缘际会习得

了“乾坤大挪移”的精妙招式。每一次奇遇与人生的艰苦历练，慢慢凝铸成一位武林侠士的风骨。

那一年盛夏，我在竹亭中小憩闲读，正念得酣畅淋漓时，诗意大起，张口吟诵“少无适俗韵，性本爱丘山”。忽而从窗外飘入，“误落尘网中，一去三十年”的应和，那是知音的天籁，我急忙伏在窗前仰头探望，只见一位身着华服的美艳女子飞落而来。回眸，转身，我看见蓝紫色的披风隐隐霞光，四射的英气让人忍不住为她喝一声彩。

这就是我第一次遇见“薇安”的感觉，仿若一名神秘莫测、冷艳高贵的女子。硕大的花朵、飘逸的茎叶、纯正的蓝紫色重瓣、翻卷的萼状花瓣让整个花朵异常华丽，状如小型的牡丹。她是如殷素素般狠辣果决、智谋双全的女子，却在人心险恶的江湖里带给我一种别样的心安。

如今在后院，“薇安”总是安静温柔地绽放着她独有的高贵气质，不媚不闹，与世无争。退隐江湖只为与其日夕相伴，终日对望仍觉相看两不厌。在起风的时候，她的舞姿轻盈灵动，是我创作之时源源不断的灵感。

有人说，3 年建一流大桥易，10 年建世界一流花园难。我只愿在午后柔软的时光里，画一些打动内心的小画儿；建一座自己喜欢的花园，与心爱的花草共度余生！

帕特丽夏

早花大花型
花色：粉红
花瓣类型：单／重瓣
花径：12~20cm
花期：5—6月、8—9月
株高：2~2.5m
修剪方式：2类（轻剪）
栽植方位：南、北、东、西
耐寒区：4~9

风之森林

早花大花型
花色：白色带绿色、粉色光晕
花瓣类型：重瓣
花径：大花，11~14cm
花期：5—6月
株高：1~1.5m
修剪方式：2类（轻剪）
栽植方位：南、东、西
耐寒区：4~9

紫梦

长瓣型

花色：酒红

花瓣类型：单瓣

花径：5~8cm

花期：6—9月

株高：2.5m左右

修剪方式：一类（不剪）

栽植方位：南、东、西

耐寒区：4~9

薇安

花色：蓝紫

花瓣类型：重瓣

花径：15~20cm

花期：5—6月，8月

株高：2~3m

修剪方式：2类（轻剪）

栽植方位：南、西

耐寒区：4~9

这是一本凝结了很多汗水的书，就像一部精彩的电影。我们不能只记住舞台上最耀眼的男女主角，边上的配角，幕布后的工作人员，甚至默默无闻的道具都很重要。所以除了书中出现的名字，我代表全体创作人员还要感谢很多无私奉献的人：

- 为书中人物『无锡典故』撰文的柳亚男女士；
- 为书中版式提供建议的张淑霞老师、设计师程缘；
- 参与书中结构构想的蔡建岗老师；
- 为书在『花彩网』上架把关的曹青丹女士；
- 为书的宣传做网页设计的徐玲女士；
- 制作铁线莲宣传明信片的沈芳丽女士；
- 为书的推广编写公众号的陈晓东先生；
- 提供铁线莲素材并拍摄推广图片的摄影师郑萍先生；
- 接受采访没有入选的热心花友：黑夜_Johnson、Raya琉璃；
- 进行铁线莲身世大普查、提供小铁资料的王琦女士……

此时此刻，虽然内心平静，却仍有牵挂不舍。望岁月静好，乃敢笑靥如花。

丙申年春日于海宁

后记

林莞歌

『碧桃天上栽和露，不是凡花数。』

凡花，普通常见却是陪我看细水长流的。天下大美而不言，人和花一样，要活出自己的气度来。

铁线莲大抵是这样的凡花。孙磊姐曾说：『这个看似脆弱的植物有着最顽强的生命力。折断了没关系，剪掉会重新萌发；枝条生病了没关系，剪掉病枝，新的枝条还会从健康的根茎处新生；夏季忘记浇水整株枯死没关系，只要不是干成柴火，及时浇透水，根茎处还会爆发勃勃生机。』

韧如铁线，花开如莲。这么有生命力的花，给多大的赞誉都不夸张。

我们的创作团队也被这样的精神深深吸引。为了追求书的质量，冬去春来，在几个月的时间里，我们无数次推翻原稿，重画重写。在不眠的日夜里，组委会认真讨论比较着稿件；插画师既要表现花的真实特征又要兼具审美艺术性；文字组白天采访铁线莲达人，晚上整理思绪，切磋琢磨；版面组根据提供的插画文字不断修改调整。

虽然留下了些许遗憾，如十六张折页不能在书中呈现，但是我们添加了很多铁线莲艺术衍生品为补充。为了使书的内容更加夯实，我们在书的末尾增添二维码，扫一扫可以看到更多书中的人物故事、铁线莲达人的种植心得、插画师的部分创作过程和相关品种的养护知识。

《红雨纷纷》
49cmx32cm
国画
蔡建岗

《藤借树上》
33cmx50cm
国画
蔡建岗

《铁线莲之哈尼亚和仙女座》

100cm×80cm

油画

陈子胄

《铁线莲之仙女座》

100cm × 80cm

油画

陈子胄

《多子多福之三》

140cmX80cm

布面油彩

王海燕

《花开富贵之二》

40cmx40cm

布面油彩

王海燕

图书在版编目（CIP）数据

韧如铁线，花开如莲：缘起铁线莲 / 江胜德主编 .
—武汉：湖北科学技术出版社，2016.7
ISBN 978-7-5352-8949-0

Ⅰ . ①韧… Ⅱ . ①江… Ⅲ . ①攀缘植物—观赏园
艺—普及读物 Ⅳ . ① S687.3-49

中国版本图书馆 CIP 数据核字（2016）第 151945 号

主编 / 江胜德
编委 / 毛宗种、林莞歌、孙磊、鲁奇舫
文字作者 / 孙磊、王佳颖
绘图作者 / 林莞歌、叶子琦、三木笠、扶雅、陆颖
装帧设计 / 李子叶、张静、胡博

策划编辑：唐洁　　责任编辑 / 刘志敏、李佳
出版发行 / 湖北科学技术出版社（www.hbstp.com.cn）
地址 / 武汉市雄楚大街 268 号出版文化城 B 座 13-14 层
电话 /027-87679468　　邮编 /430070
印刷 / 武汉市金港彩印有限公司　　邮编 /430023
版次 /2016 年 7 月第 1 版　　2016 年 7 月第 1 次印刷
开本 /170×210　　印张 /13.5
定价 /68.00 元